BIBLIOTHÈQUE

DE

L'AMATEUR CHAMPENOIS.

Tiré à 160 exemplaires numérotés :
120 sur papier vergé,
10 sur papier rose,
10 sur papier vélin,
10 sur papier chamois.

N°

L'ABBAYE
DE CLAIRVAUX
EN 1517 ET EN 1709.

PIÈCES CURIEUSES PUBLIÉES AVEC DES NOTES

Par Alexandre ASSIER.

PARIS

DUMOULIN, LIBRAIRE, QUAI DES AUGUSTINS.

TROYES	REIMS
ALEXIS SOCARD	BRISSART-BINET
libraire.	libraire.

M D CCC LXVI.

AUX BIBLIOPHILES DE LA CHAMPAGNE.

Parmi les abbayes dont la Champagne peut à juste titre se glorifier, nous devons citer celle de Clairvaux, fondée par saint Bernard en 1115 et transformée de nos jours en maison centrale de détention. Située dans une agréable vallée, elle voyait au XIIe siècle accourir dans son enceinte des papes, des rois, des prélats et des princes, les uns pour y admirer la vertu des religieux et pour y puiser de salutaires pensées, les autres pour y mourir non loin de celui dont la douce et persuasive voix subjuguait l'Occident. Nous laisserons à d'autres plus habiles la gloire de retracer cette belle époque et de nous montrer des populations entières s'entassant sur le passage de saint Bernard pour le voir, pour le toucher, pour lui arracher même un fil de sa coule.

Moins heureux que le pape Eugène III et que les nobles comtes de Champagne, nous nous contenterons de nous joindre au brillant cortège de la reine de Sicile, de cette vertueuse Philippe de Gueldre, veuve de René II d'Anjou, qui se retira dans un couvent en 1519 et y mourut en laissant *dans toute la Lorraine le souvenir de ses bienfaits. Nous pourrons à notre aise parcourir le monastère, visiter ses églises, ses dortoirs, ses bibliothèques, ses réfectoires et même pénétrer dans son trésor. Accompagnés par le Révérend Prieur, docteur en théologie de Paris, nous pourrons à l'aide de précieux renseignements comprendre l'organisation d'une puissante abbaye au XVIe siècle et remarquer sur notre passage que la règle de Citeaux, quoique douce, ne méritait pas encore les furieuses invectives de Messire Calvin, ce saint homme qui excommuniait et faisait torturer ceux qui refusaient d'adhérer à ses erreurs.*

Puisse cette publication trop tardive, chers lecteurs, vous prouver que je n'ai pas oublié la BIBLIOTHÈQUE DE L'AMATEUR CHAMPENOIS *et que j'ai le désir de mener à bonne fin mon entreprise, grâce à la bienveillance avec laquelle vous avez accueilli mes deux premiers volumes!*

Alexandre ASSIER.

Troyes, le 30 Juillet 1866.

L'Abbaye de Clairvaux en 1517.

S'ensuict le voiaige que la Royne de Sécile, Monseigneur le conte de Guyse et Madame la contesse, sa femme, ont faictz de Joinville à Clervaulx.

La dite dame[1] et seigneur avec leur estat partirent de Joinville[2] pour aller audit Clervaulx, le lundy XIIIe jour de juillet mil V^c XVII, et vindrent arriver au lieu de Dolevent[3], à soupper et giste où le peuple et gens leurs subgectz qui avoient esté au devant d'eulx plus d'une lieue leur feirent bonne chière et grant accueil.

Le mardi XIIII dudict mois, disnèrent audit Dolevent pour tyrer audict Clervaulx, distant de six lieues et environ les cinq heures après-midi, icelle dame Royne et seigneur vindrent arriver audict Clervaulx, au devant d'eulx, les prieur en l'absence de l'abbé[4], comme l'on disoit en visitation en Bretaigne, religieulx,

1. Philippe de Gueldre, femme de René II d'Anjou, ex-roi de Sicile et mort en 1508. Cette princesse prit l'habit de religieuse à Pont-à-Mousson en 1519 et mourut en 1547.

2. Résidence de Claude de Lorraine, seigneur de Joinville, dès 1508 et créé duc de Guise en 1527.

3. Doulevant, jadis chef-lieu du doyenné de la Blaise, aujourd'hui chef-lieu de canton (Haute-Marne).

4. Edmond de Saulieu qui, de simple moine, parvint en 1509, à la dignité d'abbé de Clairvaux.

moynes dudit Clervaulx vindrent pourcessionnellement avec la croix et l'eaue bénoicte jusques à la première porte de la basse-court, dessoubz laquelle porte, après que la dame et seigneur furent descendus, ledit prieur qui est docteur en théologie de Paris, fist une belle et élégante harangue en françois, la recepvant humblement et ladicte harangue finye commença ledict prieur et religieulx *Te Deum laudamus*, en menant ladicte dame et seigneur jusques à l'église, là où elle fist son oraison devant le corps de Monseigneur sainct Bernard, et de là alla au logis, nommé de Cisteaulx, estant en ladicte abbaye, chacun en sa chambre, et peulx après souppèrent en la salle appelée des abbez [1].

Le mercredy en suyvant, XVe jour dudict mois, environ huict heures du matin, ladicte dame Royne, seigneur conte et dame contesse allèrent dans ladicte esglise pour oyr messe, en laquelle fust faicte pourcession par lesdictz religieulx, ayant ung chacun, en leur main, ung reliquaire et mesmement ledict prieur, qui debvoit dire la grande messe, portoit ung vaisseau d'argent doré, de forme ronde, de la longueur de près d'une aulne de Paris, dedans lequel estoit le roseau qui fust baillé à Nostre Seigneur Jhu-Christ,

---

1. La porte des monastères était interdite aux femmes dès la fondation de Citeaux. Un abbé, des moines et des convers furent condamnés, en 1490, à jeûner au pain et à l'eau pendant un jour pour avoir laissé entrer des femmes dans l'église d'une abbaye. Cette discipline si sévère ne se relâcha qu'au XVe siècle. *Etudes sur l'état intérieur des abbayes cisterciennes*, par M. D'ARBOIS DE JUBAINVILLE, p. 9.

quant Pilate dict aux Juifz : *Ecce homo*, et la dicte pourcession faicte , fust commencée la grande messe moult solennelement , pour ce que ledict jour estoit la feste sainct Eutrope dont le corps est dans ladicte esglise [1].

Item, ladite grande messe achevée, fust mesnée la dicte dame par ledict prieur assisté de plusieurs religieulx, au revestiaire de ladicte esglise, et là furent montrez plusieurs beaulx et dévots riches reliquaires.

Premier sera commancé aux nobles reliquaires des armes de Notre Sauveur Jhu-Crist. C'est assavoir :

Une croix du bois de la croix de Nostre Seigneur, de la longueur de demye aulne de Paris, qui est la plus grande pièce qui se trouve; icelle croix, enchassée en une grande croix d'argent doré, tant que ung religieulx peult lever ladicte croix garnye de plusieurs riches piereries.

Fust après monstré ung reliquaire d'argent doré, en forme quaré d'ung pied de long et demy de large couvert de piereries, lequel s'ouvroit, et dedans icelluy estoit la portion de la vraye croix que saincte Hélainne retint, et après l'invention de la saincte croix, faicte par elle du temps de l'Empereur Constantin, ladicte pièce enchassée audict reliquaire.

Plus est enchassé au dict reliquaire ung demy cloux, dont estoit cloué le fer de la lance de Longis [2], qui

1. A droite du tombeau de saint Bernard, derrière le grand autel. Ce corps avoit été envoyé d'Italie à Clairvaux en 1226, par Conrad, cardinal, évêque de Porto et ancien abbé de Clairvaux.

2. Saint Longin, centurion qui se convertit et souffrit le martyre à Césarée, en Cappadoce.

perça le précieulx costé de Nostre Seigneur, avec plusieurs autres dignes reliques, dont les escripteaulx sont en lettres grecs.

Semblablement fust montré le roseau, mis ez mains de Nostre-Seigneur, quant par Pilate fust admené au peuple et qu'il dict : *Ecce homo*. Et fust veu par de petits trous, pour ce qu'il est tendre à mains. Après fust montré le chief de saint Bernard et l'oz du treste, lequel est enchassé d'argent doré ; puis le bras de sainct Bernard. Et n'y a hors le vaisseau, où sont ses hossements, fors ses deux pieds, et tout le demeurant est audict vaisseau ou ferte, comme cy après sera dict. Et y a environ huict ou dix ans que l'on voulust ouvrir le dict vaisseau pour prendre des dicts os, mais après qu'il fust ouvert, nul n'y osa toucher, tant furent estonnez.

Plus, le chief sainct Malachie[1], sainct Barnabé, apostre, sainct Vincent, martire, portion du chief sainct Marcq et aultres chiefs plusieurs.

Audict revestiaire y a des chiefs XX ou XXIIII des onze mille vierges, dont il y en a dix en l'autel des convers, dont cy après sera parlé, et les aultres en aultres chapelles de ladicte église ; plus y a du laict Nostre-Dame et autres inumérables reliquiaires, et des tableaux ou il y a en chacun d'eulx LX ou IIII^{xx} diverses reliques.

Quant aux riches ymaiges, y en a deux ymaiges d'argent, assavoir : l'une de Nostre-Dame, qui est d'argent doré, de la haulteur de quatre piedz et demy, et

1. Archevêque d'Irlande, mort à Clairvaux, et dont le corps avait été déposé dans un tombeau, derrière le grand autel.

l'autre de sainct Bernard, de pareille haulteur. Lesdicts ymaiges enrichies de piereries.

Item. Y a seize ou dix-sept pièces de relicques que l'on monstre communément aux pellerins.

Après disner, incontinant ladicte dame alla veoir et visiter la dicte église, qui est belle, grande, large, haulte et clère, construicte et voultée toute de pière de taille, contenant, en longueur, sept vingt huict passées, et de largeur, de croisée à aultre. quatre vingt passées, et tourte là tout à l'environ du meur, et sont les verrières de voir blanc seullement.

En icelle église y a trente-deux chapelle ou autel, dont le principal et le plus beau est le grand autel.

Sur lequel pose une belle et dévote ymaige de Nostre-Dame, et au-dessus ung chappiteau bien richement doré avec les bencillons paincts très-richement; ledict ayant sept à huict piedz de haulteur.

La table basse dudict aultel est à belles ymaiges de cuyvre dorées de fin or. A l'environ y a quatre colonnes de cuivre et sur icelles qualtre anges de trois à quatre piedz de haulteur ; ledict aultel bien aorné et encourtiné de drap d'or et de soye.

Derrière icelluy grand aultel y a trois beaulx et riches aultelz d'albatre, dont celluy du millieu est l'autel monseigneur sainct Bernard sur lequel est son ymaige, fait sur le vif incontinant après son trespas, et avait le visaige, à veoir ladicte imaige, magre et contemplatif. Ledict autel est couvert d'un tabernacle de pierre à quatre pilliers, dont les deux premiers sont à costé dudict autel, servant de colonnes, et les deux autres derrière icelluy autel faisant ledit tabernacle couverture audit autel, et semblablement au vaisseau où sont les ossements de sainct Bernard qui est derier ledict aultel. Icelluy vaisseau estant de pierre, dont la couverture est de couleur pourphire, et de costé et d'autre dudict vaisseau ou fierte l'on se peut mettre à genoulx pour saluer le sainct, en disant son oraison, qui est en des petis tableaux de chacun costé.

Item. A costé dextre du chœur, auprès dudict autel sainct Bernard est l'autel où est le corps de monseigneur sainct Eutrope et de sept autres saintz et sainctes en ung vaisseau et à fierte, tout ainsy et pareillement que celluy de sainct Bernard en chappiteaux et autre chose.

Item. A cote senestre est l'autel et le corps de monseigneur sainct Malachie, archevesque d'Hybernie, qui pour l'amour de sainct Bernard voulust morir et estre inhumé audict lieu de Clervaulx; les ossemens duquel sont tout ainsy que ceulx de monseigneur sainct Bernard et sainct Eutroppe et ledict chappiteau pareillement comme est cy-dessus déclaré.

Item. Y a trente-deux autelz en ladite église, qui seront chose longue à reciter, dont je me taiz, fors de celuy qui est en la chappelle de Sainct-Saulveur, derrière l'aultel de monseigneur sainct Bernard [1], pour ce que en ladicte chappelle est inhumée la mère de monseigneur sainct Bernard, appelée Aalix, le corps de laquelle fust translaté de l'église de Sainct-Benigne de Disjon audict Clervaulx; icelle chappelle, bien

1. Chapelle de Notre-Seigneur et de la Sainte Vierge, au fond de l'église.

sumptueusement de marbre noir, et la représentation
de pière bien taillée. Après veoir ce que dessus, ladicte dame fust menée en la cloison ou circuyt du
chœur, et en descendant de l'autel dudict saint Bernard pour venir audict chœur, en la partie où l'on dict
l'évengile sur une aigle de cuyvre, servant de pulpitre, luy fust montré une sépulture riche et sump-
tueuse de marbre noir, élevée sur quatre pilliers de
marbre soubz laquelle gist une contesse de Champaigne, royne de Navarre[1].

A la descente du premier degrez pour aller audict
chœur, y a ung candélabre de cuyvre, à cinq chan-
delliers, très-bien ouvrez, et ung petit plus bas ; là
où on dit l'épistre, y a une imaige de cuyvre, de représentation de Nostre Dame, de la haulteur de huict
à neuf piedz, qui sert de pulpitre à dire l'épistre et
assez tost après la tombe et sépulture de marbre,
bien curieusement faicte de marbre noir, soubz laquelle est le cueur de la contesse de Champaigne,
fille de monseigneur sainct Loys jadis roy de France.
Et en circuit dudict chœur sont les sépultures de
quatre cardinaulx religieulx dudict Clervaulx, dont
l'un s'appeloit Conrard qui faisoit miracle en sa vie[2].

Audict chœur, où chantent les religieux et novisses

1. **Deux reines de Navarre furent enterrées à Clairvaux,
Marguerite de Bourbon, femme de Thibaut le Chansonnier,
et Isabelle, fille de Saint-Louis, épouse de Thibaut II.**

2. **Evêque de Porto et ancien abbé de Clairvaux ; on prétend qu'on vit plusieurs fois la nuit briller comme des flam-
beaux les deux doigts dont il se servait pour consacrer l'hostie
quand il célébrait la messe. *Etudes sur les abbayes cisterciennes...* par D'ARBOIS DE JUBAINVILLE, page 178.**

seullement, y a cent vingt-huict chayses pour les dicts religieulx et novisses.

Item. Au bout dudict chœur, pour tirer en la nef et chœur des convers, y a séparacion entre iceulx deux chœurs, en laquelle séparacion y a trente qualtre chayses pour seoir à oyr le service les vielz et débilles religieulx; au bout de laquelle séparacion y a ung grant autel de la Trinité, dessus lequel est le crucifix de l'église et à la descente dudict autel est le chœur et siége des convers, et sont lesdicts siéges en nombre de trois cens XXVIII, que sont à trois ren- gées, assavoir : les haults, les moyens et les bas. Lesquels siéges occupent tout la nef de la dicte église, jusques au bout d'icelle église, où est la grande porte, respondant à la grande court par laquelle l'on entre en la dicte abbaye.

Il est à noter que au trespas de sainct Bernard y avait soubz luy sept cens religieulx que convers, et peuvent estre encor cént que religieulx que convers.

Après avoir visité la longueur d'icelle église, con- tenant VII^{xx} passées, comme dict est, l'on vint à la croisée, contenant IIII^{xx} passées, ainsy que dessus est dict; et à la main senestre y a cinq tombes, de cinq évesques, qui là sont inhumez ; et au bout d'icelle croisée y a une des principales portes d'icelle église, joingnant laquelle ; et hors de voultes de ladicte église y a une chapelle de Nostre-Dame, belle et grande, appelée la chapelle des confrères ; et au bout opposite de ladicte croisée, à main dextre est le réves- tiaire ou sont les reliques dont cy-dessus a été parlé, ou y a une belle fontaine pour laver les mains des religieulx; et au bout de ladite croisée, et de ce même costé, en une chappelle, est la fosse ou monseigneur sainct Bernard est enterré, laquelle est encore ouverte fors que on y mect deux petites planches dessus; et au bout de ladicte croisée y a trente ou quarante grans degrez, par ou la dicte dame fut menée au dortoir des religieulx. Le tout est de pierres et voulté, et contient, de longueur, sept vingt dix passées, non comprins les chambres du bout, lesquelles chambres sont de costé et d'autre dudict dortoir, en nombre de XL, et sont faictes de menuiserie seullement, contenant de longueur de sept à huict piedz et de largeur, six piedz, en toutes lesquelles y a ung chalit, le lict dessus, ung petit comptoire et ung poulpitre pour escripre, et sont lesdictes chambres, ornées et accoutrées de belles ymaiges en toille et tableau selon la dévotion d'ung chacun religieulx.

Item. En chacun des huisse d'icelles chambres y a une fenestre à deux bareaux, par laquelle ung chacun religieulx allant par les dortoirs, peult voir son compagnon en sa chambre; les dictes chambres ont regard sur le cloître.

Item. Au milieu dudict dortoir y a de grandes armoires, esquelles sont les chappes, chasubles et autres ornements de l'église, qui sont en grand nombre et très-riches.

Item. A main senestre, audict dortoir, sont les selles privées en une grande salle, en nombre de trente deux, et chacune est séparée sans ce que l'on puisse veoir l'ung l'autre, par dessoulz lesquelles la rivière passe, par quoy ne sentent aucunement mal. Le dict dortoir visité, l'on descendit au second cloistre d'icelle esglise qui contient de longueur LX passées, et de largeur VI passées, et est chambrillé ou lambrissé.

En l'ung des costés du dict cloistre est la chapelle saincte Anne. Prez de l'une des portes collatérales d'icelle église, y a un sépulchre bien riche avec l'histoire comme Nostre Seigneur apparust à sainte Madeleine. Et de ce mesme costé sont XIIII estudes où les religieulx escripvent et estudient, lesquelles sont très-belles, et audessus d'icelles estudes est la neufve librairie[1], à laquelle l'on va par une vis large et haulte estant audict cloistre, laquelle librairie contient de longueur LXIII passées et de largeur XVII passées. En icelle y a quarante-huit bancz, et en chacun banc quatre poulpitres fournys de livres de toutes les sciences et principallement en théologie, dont la pluspart desdicts livres sont en parchemin et escriptz à la main, richement historiez et enluminez[2].

L'édiffice de ladicte librairie est magnifique et massonné et bien esclairé de deux côtés de belles grandes fenestres, bien vitrées, ayant regard sur ledit cloistre et cimetière des abbez. La couverture est de plomb et semblablement de ladicte esglise et cloistre, et tous les pilliers bouttans d'iceulx ediffices couverts de plomb.

Le devant d'icelle librairie est moult richement or-

1. Bibliothèque commencée en 1495 et terminée en 1502.

2. Le catalogue de la bibliothèque de Clairvaux, dressé en 1472 par l'ordre de Pierre de Virée, ne comprenait pas moins de 1714 volumes parmi lesquels on cite la *Bible de Saint-Bernard.*

né et entaillé par le bas de collunnes d'estranges façons, et par le hault de riches feuillages, pinacles et tabernacles, garnis de grandes ymaiges, qui décorent et embellissent ledict édiffice. La vis par laquelle on y monte est à six pans, larges pour y monter trois hommes de front et couronné à l'entour de cleres voyes de massonnerie. Ladicte librairie est toute pavée de petits carreaulx à diverses figures.

A l'autre partie dudit cloistre est le reffectoire, appelé le reffectoire gras, parce que les dicts religieulx y mengent chair les dimanches, mardy et jeudy; le dict réfectoire est très cler et bien garny de verrières, contenant de longueur LVII passées, les tables tout à l'environ, et au boult de hault est paint la cène de Nostre Seigneur bien réelsement et au milieu la fontaine pour laver les pintes, choppines et hanas de bois desditz religieulx; et auprès est ung ratellier où sont pendues les dites choppines et pintes; et à costé dudit réfectoire gras est la fenestre par où l'on sort de la cuysine, appelée la cuysine grasse, bien garnye de vasselles d'estain, et en icelle y a une fontaine pour servir à ladicte cuysine.

Au dict cloistre, à l'un des coings, y a une chapelle appelée la chapelle de Flandres, que ung conte de Flandres nommé Philippe fonda, lequel y est inhumé et la contesse sa femme où sont leurs sépultures de marbre noir, haultes et éminantes; et mourut ledict conte, à Acre, sur les infidelles, en une bataille, duquel lieu ladicte contesse le fist admener audit Clervaulx, où est son épitaphe en ung petit tableau, à main senestre, contenant que le IIIe jour de sa nativité, ledict Philippe parla et dist ces motz : *evacuate michi domum*. Et fut le premier qui porta le lion de sable en ses armes [1]. En icelle chappelle sont trois aultelz, l'ung là où l'on y mect des reliques, à six ou à huit degrez, et deux collatéraulx, et à main dextre y a une chappelle soubz ladicte grande chappelle, où il y a ung autel, et en icelle basse chappelle sont tous les ossement des religieulx qui furent au temps sainct Bernard [2].

Ladicte grande chappelle correspond à la grande infermerie dont cy-après sera parlé.

Audict second cloistre n'y a autre chose fors une belle fontaine gectant eaue en plusieurs endroitz. Après le second cloistre visité, fust ladicte dame menée au grant cloistre, ouquel y a deux portes collatéralles pour aller à ladicte église, contenant ledict cloistre de longueur LXXV passées et huit passées de largeur.

Audict cloistre, tirant à ladicte église à main dextre est le parloir ou escolle où les religieulx estudient, qui est voulté de pierre, contenant de longueur de XXIX à XXX passées. Et en suyvant ledict parloir est le chappitre, contenant de longueur XXIX passées et y a siéges de tous costez.

En icelluy chappitre fust montrée une tumbe d'ung

---

1. Cette chapelle était célèbre dans l'ordre de Citeaux. Philippe d'Alsace mourut en 1191, au siège d'Acre.

2. « Ces religieux étaient vénérés comme saints, car le bienheureux abbé avait eu révélation que tous les religeux qui vivaient alors à Clairvaux seraient sauvés. » *Voyage littéraire*, D. MARTÈNE, 1re partie, page 100.

prieur , qui souventeffois est chargée de liqueur comme huille[1]. Et du costé dudict chappitre et parloyr y a plusieurs poulpitres chargez de livres, comme en théologie, histoire, poiéterie et aultres sciences où les religieulx, après avoir disné, étudient et se recréent et aussi sont les pellerins clercz survenans.

Item. Audict cloistre est la vieille librairerie bien fournye de livres. Ou dict grant cloistre y a une belle fontaine, gectant eaue par plusieurs conduictz, et assez prochaine est la barberie où les dits religieulx font leurs barbes et couronnes.

De ce mesme costé est le reffectoire maigre, appellé maigre pour ce que jamais les dits religieulx n'y mengent chair, qui sert pour les jours de lundy, mercredy, vendredy et samedy ; lequel reffectoir contient de longueur LXXV passées, soutenu de huict collonnes de pierre, et y a quatre rengées de tables du long et une rengée au bout de hault [2]. Au milieu duquel y a une fontaine et rattelier pour mectre les pintes et choppines ainsy que dict est du reffectoir gras.

Est à noter que audict reffectoir, au costé dextre, y a une fenestre à servir venant de la cuisine maigre, en laquelle y a une fontaine pour servir à ladicte cuysine qui a sa vasselle à part. En icelle cuysine, derrière la cheminée, y a deux potz de cuyvre enmurez, dont l'ung tient plus d'une queue et l'autre prez d'une queue.

1. Peut-être Eudes, sous-prieur qui mourut quelque temps avant saint Bernard.

2. Au XIVe siècle, les Cisterciens commencèrent à manger de la viande régulièrement plusieurs jours par semaine.

Au sortir de ladicte cuysine y a une petite courselle où sont deux chambres, propres l'ung à dessaller le poisson et l'autre à le sécher. Est à noter que ladicte dame désirant voir lesdicts religieulx à table fust menée le mercredy par M. Nicol Bacquelet, docteur en théologie, audict reffectoir pour veoir l'ordre et estat desdicts religieulx.

L'ordre est que tous les religieulx sont assis d'ung costé, et au bout de hault est le prieur, en une table seul, et tous les aultres en aultres tables, selon leur qualité.

Le silence y est grand, et est chacun attentif à ung religieulx qui chante de la Bible en une chaire de pierre au milieu desdictes tables.

Plus bas sont les novices.

Et encore au-dessoubz les convers, chacun en son reng.

Les dictz religieulx sont servys par des religieulx, et les dictz convers, et ceulx qui les servent soit à aporter mectz ou à oster, font révérence à ceulx qui sont assis.

Et ceulx qui sont assis réciproquement à ceulx qui les servent, et s'il fault aucune chose à ceux qui sont à table, ils les demandent par signe et non de parolle.

Au dit grant cloistre est le chauffoir des religieulx, long et spacieux, où les religieulx se chauffent en yver.

Item. Une grande fontaine, dont le bassin est d'une pière d'une pièce, ayant de longueur plus de qualtre toises, et tout à l'entour gecte yaue par divers conduitz.

Ce fait, ladicte dame fust menée en logis des novisses.

La novisserie est une grande salle de pière de taille voulsée, et au bout y a cheminée [1] ou les novisses
estudient leur Psaultier et autres choses.

A costé dextre sont les selles privées sur l'eaue.

Conséquement est le dortoir des dicts novisses,
voulsé comme la dicte novisserie, où y a plusieurs
licts; et au bout la chambre de leur maistre, faicte
de menuiserie, ou il y a une fenestre, par laquel il
voit tout ce que font les dicts novisses.

Après est l'infermerie des dicts novisses, àlaquelle
l'on vat par une petite gallerie où il y a une belle
fontaine, tirant icelle gallerie d'ung costé ez chambres
où l'on mect les novisses malades, qui sont du nombre de trois : deux basses et une haulte et ont les
retraictz les dictes chambres bien acoustrées, et à
l'autre bout de ladicte gallerie est ung beau jardin
pour eux esbattre, et passe la rivière entre ledict
logis et le jardin pour vyder les dicts retraictz.

De là fust menée ladicte dame en la grande infermerie des dictz religieulx qui contient de longueur
LXVIII passées, au bout de laquelle correspond la
chappelle de Flandres, dont cy-dessus est faicte men-
tion. Ladicte infermerie contient de largeur XLVIII
passées; à l'ung des costez y a une chambre lambrissée au-dessus, en manière de chappelle, contenant de longueur XXV passées qui est le lieu ou l'on

---

1. L'établissement des cheminées ne fut imaginé qu'au
XV° siècle. Les religieux qui avaient froid devaient se rendre
dans une salle spéciale appelée *chauffoir*.

lave les religieulx après leurs decez, en une pierre, contenant de longueur VIII piedz. Ladicte pière, encavée en manière d'ung sarceuil, large en hault et estroicte en bas. En laquelle pierre monseigneur sainct Bernard fut lavé, et y est demeuré son umbre au fond d'icelle, laquelle apparoist en ung chascun évidemment mieulx de loing que de prez ; car quant l'on vient à regarder de près la dicte pierre, elle est polye et luysante aussi bien au font que es costez, et de loing, comme de la distance de deux, trois ou qualtre piedz, l'on voit le dict umbre, assavoir : la teste, le col, les bras, dont le bras dextre passe plus que le senestre, et généralement se voit l'umbre de tout le corps[1].

Au costé dudict lieu est la chambre appelée la chambre griefve, pour ce que les malades de pestilance ou maladie contagieuse y sont portez et bien traictez. En ladicte grande infermerie y a plusieurs belles chambres, deux basses et deux haultes, la chapelle au bout où les malades peullent oyr messe de leurs lictz ; les dictes chambres ont regard sur ung beau jardin où il y a une belle fontaine.

La cuysine est prochaine des dictes chambres, fournye de toute vasselle de cuyvre et d'estain.

Audict jardin y a une gallerie bien garnye ou les dicts malades venans à convalescente mengent.

1. Dom MARTÈNE, dans son *Voyage littéraire* s'exprime, ainsi sur ce fait : Je ne sçai pourtant si cela est aussi miraculeux qu'on se le persuade ; car cette ombre ne se voit pas de tous côtez. Il faut être dans une certaine situation pour l'apercevoir ; ce qui se peut faire naturellement par la réflexion de la lumière. 1re partie, page 101.

En ladicte infermerie y a couvent et deux cuisines, l'une grasse et l'autre maigre, et audessus des dictes cuisines y a cinq chambres pour recepvoir les gens des religieulx quant ils les viennent visiter.

Après les dictes infermeries veues, la dicte dame fust menée en la cimeterie des Abbez, en l'entrée de laquelle du cousté de l'église est une haulte sépulture, à qualtre pilliers, et voulsée de pierre, où les père, frères et parens de sainct Bernard sont inhumez [1].

Tirant au bout de hault, vers le grand cimetière, est la chambre sainct Bernard [2], qui est de bois à la mode anticque, lambrissée dessus en manière d'église, en laquelle chambre il composa *Cantica canticorum* [3], et joignant ladicte chambre y a ung petit oratoire, en manière d'une chapelle appellée la *chapelle Sainct-Bernard;* sur le pas et marche de laquelle est escript ce mot : *Hic,* qui est le lieu où monseigneur sainct Bernard rendit l'esprit sur des cendres ; et plusieurs ont en grande révérence et dévocion le dict lieu.

De là on entre au grant cimetière des religieulx, au milieu de laquelle y a une sépulture d'ung archeves-

1. Ce cimetière était celui des abbés étrangers qui étaient morts à Clairvaux.

2. Construite par ordre de Guillaume de Champeaux, évêque de Châlons-sur-Marne, pour soulager le saint de ses infirmités.

3. Le *Cantique* des *Cantiques* ne se compose que de deux feuillets dans la *Bible de Saint-Bernard.* En les parcourant, il semble, dit un célèbre bibliophile, que les yeux aperçoivent encore attachée la main vénérable qui les a presque usés en y puisant quatre-vingt-six sermons. *Bibliothèque de Troyes.*

que de Langres, seigneur de Joinville, nommé Geoffroy, qui a fait de belles fondations en ladite ablaye [1].

Est à noter qu'il y a tousjours audict cimetière une fosse faicte pour le premier religieulx qui mourra et une autre à demy faicte, qui se parfera après que l'autre sera couverte et s'en recommencera une a demy. Audict cimetière, du costé de l'église, à l'endroit du grant autel, y a ung lieu couvert qui s'appelle le cimetière des Nobles.

NOTA que au delà du dit cimetière des Abbez, y a ung grand jardin où est la chappelle des religieulx ladres, quand il y en a qui ont leur maison et habitacion au dit jardin.

Delà la dicte dame vint visiter le logis de l'abbé.

Premier, la salle des Abbez, qui est belle, grande et haulte, lambrissée audessus, en manière d'église, contenant de longueur trente passées, à l'entour de laquelle salle sont painctz les abbez que parcy devant ont esté ainsi qu'il s'en suyt.

Le premier abbé de Clervaulx, fust monseigneur sainct Bernard et gouverna abbé XXXIX ans.

Est à noter que pape Eugène avoit esté religieulx de Clervaulx que depuis fut pape ; à ceste cause il est painct incontinent aprez sainct Bernard, quoi qu'il n'aye esté abbé.

Le second, etc..... [2].

A l'entour de la dicte salle y a plusieurs beaux

---

1. Guillaume de Joinville, évêque de Langres, puis archevêque de Reims.

2. Robert de Bruges mort en 1157. L'abbaye de Clairvaux, en 1517, comptait 41 abbés depuis son illustre fondateur.

dictons et rimes comme les douze dictons du corps humain :

> Plus est servy, et plus se plainct.
> Plus est norry, et plus se fainct.
> Plus est payé, plus se démaine.
> Plus est aymé, plus faict de peine.
> Plus est creu, plus souvent ment.
> Plus est repeu, moins est content.
> Plus a des biens, moins lui suffist.
> Plus a savoir, moins de biens dict.
> Plus a mesprins, et plus murmure.
> Plus a hault pris, moins de Dieu cure.
> Plus est reprins, moins a cremeur.
> Plus prez de Dieu, moins a saveur.

AUTRE DICTON.

Destruction du corps.

> Le trop disner et trop dormir après,
> Sans appétit boire a grans traictz
> Coucher en bas, estre sel et engrez,
> Tiennent plusieurs la mort suyt de prez.

AUTRE DICTON.

Santé du corps humain.

> Lever matin et prendre esbatement.
> Entendre au sien et vivre sobrement,
> Couroux fuyr, souper ligièrement,
> Gésir en hault, dormir escharcement,
> Loing de menger soy tenir nectement,
> L'homme enrichist et si vist longuement.

De la dicte salle la dicte dame fust menée en ung petit cloistre joignant la grande infermerie, au costé

duquelle et en tirant en icelluy, est une belle et spacieuse chambre bien lambroussiée où se tient le con-
seil des affaires de ladicte abbaye ; et audessus dudict
cloistre sont des galleries par lesquelles l'on va ez
chambres d'un corps de maison, appelé le *logis de
Cisteaux*.

Toutes les dicts cloistres et galeries de long de
quarante passées.

Item. A la main dextre y a une belle chappelle
servant à la dicte maison dudict Cisteaux, en laquelle
sont plusieurs belles chambres où il n'y fault rien,
esquelles chambres on vat par ladicte gallerie, et par
une vis, qui est environ lebout d'icelle gallerie, par
laquelle l'on descent en la cuysine qui est fournye de
vasselles, potz de cuyvre, autres ustensiles nécessaires
avec la fontaine ; et tout prochain de la dicte cuisine
y a ung garde menger en une despence, joignante
à mectre le pain, contiguë à une salle où monseigneur
l'abbé, les survenants mengent, et pour donner doc-
trine à ceulx qui jurent, y a ung beau dicton.

Item. En sortant d'icelle salle, l'on vient en une
court, à l'entour de laquelle d'ung costé y a des galleries, par dessoubz lesquelles passe ung bras de la
rivière d'Aube, laquelle rivière les religieulx font
venir, par plusieurs lieux, parmy ladicte abbaye, et
en prennent tant et si peu qu'ils veullent.

D'icelle gallerie l'on va à plusieurs chambres, que
sont du logis dudict abbé, et d'autre part y a une
court où sont les estables de chevaulx dudict abbé,
et a le pallefrenier sa chambre et la grange, là où on
mect le foing pour la provision desdicts chevaulx.

Item. Le sellier de ladicte abbaye a son logis, chambres et autres habitations nécessaires avec une chappelle.

Item. Y a ung lieu appelé la *secréteneric*, là où on fait le pain à chanter, qui est très-beau et de grant édiffice.

Item. Ung lieu, appelé la *pomerie*, où sont fruits innumérables et de diverses sortes.

Item. Ung lieu, appelé la *frommagerie*, où il y avoit de deux a trois mil frommaiges.

De là et hors dudict grand cloistre, ladicte dame fust menée ez greniers qui sont voulsés de pière de taille, lesquels sont bien garnis de bledz que n'est à nombrer.

Des dicts grenyers l'on alla en la *boullengerie*, et à l'entrée d'icelle y a une grande habitation, toutte de pière de taille et voulsée là où est le grant four, là où on peult ordinairement cuyre XVIII miches.

Plus avant y a une grande chambre pareillement voulsée de piere, où il y a plusieurs grandes huches, où est la fleur et la farine, joignant une petite cuisine à cheminée où il y a une grande chaudière pour chauffer l'eau à bollengier le pain, et la fontaine tout auprez.

Conséquemment sont les moulins, assavoir, le moulin à bled qui est singulier : car ledict moulin faict la fleur, la farine et le grus tout à une fois et les sépare chacun à part.

Après est le moulin à faire l'hulle, un moulin à seyer les planches, et un moulin à esguiser les haches, costeaulx et autres feremens.

De là fust veu la *menuiserie*, qui est ung grant lieu séparé en deux parts, assavoir en deux grandes salles vousées. En la première sont ceulx qui besoingnent ez ouvraiges de menuiserie, en la seconde, qui pareillement est voulsée, est le bois de saison pour mectre en œuvre, et joignant icelle est la chambre d'ung convers maistre menuisier et a son beau jardin auprez.

Plus oultre est la *taverne* et hostellerie où les pellerins survenans logent, en laquelle y a la cuisine bien ustancillé de tous mesnaiges, sans qu'il y faille aulcune chose, et la fontaine, et auprès une viz, par laquelle l'on monte en une gallerie, qui sert à aller en plusieurs chambres où lesdicts pellerins sont logiez.

Plus avant est la *porterie,* où il y a fors portiers, deux convers et ung séculier qui ont leurs logis contigu et joignant de la grande porte où est la réprésentation de Nostre-Dame, de monseigneur sainct Bernard et de ses père et mère, frères et sœur, soulz laquelle porte y a une belle chappelle où il y a messe fondée chascun jour [1].

Au saillir d'icelle porte est une grange, là ou les pauvres venant demander l'aumosne en ladicte abbaye se retirent quand il faict mauvais temps de pluye ou froidure, et où ils font du feu pour eulx chauffer. Et

1. Le portier était un moine qui devait loger dans une cellule placée près de la porte. Quand un étranger frappait à la porte, le portier devait lui répondre *Deo gratias,* lui ouvrir, le prier de lui donner sa bénédiction et lui demander ce qu'il voulait. A ce religieux appartenait la distribuion des aumônes de l'abbaye.

est à noter que pour ung jour, ceste année, ont été à ladicte porte IX pouvres et chacun eust sa miche et journellement y viennent plusieurs pouvres par C, IIᶜ IIIᶜ IIIIᶜ et Vᶜ, plus ou moins, que jamais ne sont refusez.

De ce lieu ladicte dame prist son chemin pour tirer au petit Sainct-Bernard, qui est le lieu où anciennement étoit ladicte abbaye 1, et encores de présent y sont les édiflices, ainsy que ci après sera dict.

A main senestre, en allant au dict petit Sainct-Bernard fust monstré ung hospital ou il y a une salle en laquelle sont plusieurs lictz, pour recepvoir et coucher les pouvres, et sont bien traictez par une bonne vefve dame.

Prez duquel hospital est demeurant ung convers, maistre des œuvres, lequel a regard sur les édiffices de la dicte abbaye et a sa maison et chambre bien honneste, le jardin auprez.

Assez prez dudict hospital sont les royers, convers et séculiers, qui besoingnent soulz une grande salle et y ont leurs maisons et habitacions.

Prochain desdicts royers sont les mareschaulx et sarruriers, convers et séculiers, qui besongnent soulz une grande halle ou il y a plusieurs forges.

Aprez s'ensuict une grande et spacieuse grange, là

1. L'abbaye de Clairvaux fut déplacée en 1135, par saint Bernard et installée dans un terrain plus propre à la culture. Ce second monastère subsista jusqu'au XVIIIᵉ siècle, mais alors il était depuis longtemps complètement abandonné par les moines qui s'étaient construit un troisième monastère où se trouvent actuellement les bâtiments de la maison centrale de détention. *Études sur les abbayes cisterciennes*, p. 36.

où sont mis les moutons pour la despence de ladicte abbaye et y on peult l'en mectre de V à VI mil. D'autre part est la maison du maistre berger, qui est convers, lequel a sa maison, court, cuisine, chambre et jardin, et a ledict maistre bergier cinquante valletz subjetz a luy, qui luy rendent compte des moutons que sont à nombre à douze ou à quatorze mil brebis et aigneaulx qui sont a nombre de XV à XVIIImil. Et assez prez de la maison dudict maistre berger y a une grande halle, là ou l'on tond les brebis et moutons; servant ladicte halle à mectre les filletz de chasse grosse et menue, et est ladicte maison du maistre bergier bien prochaine de la cloison du petit Sainct-Bernard.

En la cloison dudict petit Sainct-Bernard, à l'entrée de la porte, est la chambre ou le pape Eugène fust reçu quand il vint veoir saint Bernard, laquelle chambre est en ung petit jardin et est icelle chambre de bois bien petite et basse en la mode antique.

Après est le reffectoire où sainct Bernard et ses religieulx prenoient leur reffection lequel est de longueur de XVIII à XX passées, assez bas et chambrillé, lequel édiffice est bien viel.

Au dessus est le dormitoire de pareille grandeur et édiffice, où il y a encore plusieurs chalicts des religieulx de ce temps ; et au bout est la chambre de monseigneur sainct Bernard, qui est parroy bien petit, et est son chalict, qui est de bois et le chevet de pièrc assez prez du toict[1], où il y a une fenestre,

1. Les moines au temps de saint Bernard se contentaient pour le coucher d'une paillasse, de deux couvertures et d'un oreiller. L'usage des matelas n'était permis qu'aux malades.

par laquelle sainct Bernard oyst les anges chanter :
Salve regina. Et prez et joingnant de ladicte chambre est la vielle église, qui est une chappelle de bois à laquelle sainct Bernard veoit par une fenestre, estant en sa chambre et y a ung petit jardinet devant et ung d'autre costé, et si est tout le pourpris cloz de murailles.

Au retour du petit sainct Bernard ladicte dame retourna en la dicte abbaye, et, à l'entrée de la porte, à la main senestre luy fust monstré de belles estables touctes neufves, chacune à deux rengées, où l'on poulroit loger cent chevaulx, et sont lesdictes estables pour les chevaulx des princes et autres grans seigneurs survenans.

De ceste mesme part, à costé de l'église, est une grande halle où est le pressoir et cuverie, où il y a plusieurs grandes cuves, dont l'une est quarrée, contenant de IIII[xx] à C. queues et est à notter que l'on descend de la vigne, qui est derière ladicte cuverie, en icelle cuverie pour apporter la vendange ès cuves. Le vin s'en vat par canaulx de plomb dedans les tonneaulx, que sont en ung cellier joingnant, duquel cellier est la grande tonne contenant quatre cens queues de vin qui a trente piedz de long et XVIII de hault.

En ladicte cuverie y a ung pressoir, et si est une des pièces qui estoit du temps de monseigneur sainct Bernard qui par miracle emplist d'ung seul raisin tous les tonneaulx de ladicte abbaye.

Plus oultre y a ung grant cellier, tout voulté de

piere, où il y a innumérables tonneaux de vin pour la provision des religieulx, et se paye chacun an pour la fasson des vignes de ladicte abbaye de XVII à XVIII francs, aussy ilz ont en communes années XVIII^c ou II^m queues de vin, et y a encore d'autres celliers et caves bien fournies.

De là ladicte dame fust menée en ung grant corps de maison, ayant encores devant et derrière plusieurs chambres, là où se tient ung convers que faict les boteilles et barry de cuyr, et a soulz luy des serviteurs, convers et séculiers, faisant les dictes botteilles.

Plus avant est la tannerie : c'est ung grand édifice où il y a plusieurs grandes cuves et cuveaulx de piere, moult grant et d'une piere que contient sept ou huict auges de piere à mectre les cuyrs, les ungs de sept à huict piedz de profond et quatre de largeur, dont l'ung est de dix-huict piedz de long et plusieurs aultres de seize, et est quasi incrédible qui ne les auroit veuz et comment il y est possible de les y avoir mené; et est ladicte tannerie toucte voulté de piere et faicte d'ung bas celier et passe par là ung bras de la rivière d'Aube, laquelle vat en plusieurs lieux parmy ladicte abbaye.

En après fust veue la plomberie, là où l'on faict les pinaicles de plomb nécessaires à faire couvertures ; aussy l'on y plomb les carreaulx, dont sont pavez les cloistres, lesquelz sont de diverses figures.

Dictier pour les jureurs.

Il est escript en un commandement
Que homme vivant ne doibt jurer en vain.

Jhû-Crist vint au Nouveau-Testament
Qui le jurer deffendit tout à plain.
Note ces motz, toy qui es trop mondain,
Car sy tu fault et il vient à volice,
Saiche de vray que tantost et soudain,
Ung voire d'eaue en fera la justice.
Nous osterons de jurer la façon,
Puisque chacun y est habandonné.
Car le jurer avoit pour sa boisson
Ung voire d'eaue, ainsi est ordonné.
De juremens ne soit plus mot sonné,
Ou autrement qui commectera ce vice,
Soit homme grant, ou fol ou estonné,
Ung voire d'eaue en fera la justice.
Chacun de nous doibt bien considérer
Que céans lieux de religion,
Ouquel convient sa langue modérer,
En évitant toucte derision,
Dieu ne les saincts pour quelqué occasion,
Ne faut jurer selon ceste police,
Et s'il y a faulte ou transgression,
Ung voire d'eaue en sera la justice.

Cela faict, ladicte dame vint visiter la demeure des convers, qui ont leurs cas à part.

Et là fust veue, une grande infermerie, qui est une grande et spacieuse salle.

Item. Le lieu ou l'on lave les convers aprez leur decez, ne plus ne moings que lesdicts religieulx.

Item. Leur chauffoir ou il y a belle cheminée de piere.

Puis fust veu leur chappitre, qui est beau et spacieux; fust après en leur dortoir, qui est une grande salle chambrillée ou lambrissée, qui a XLV passées de long, et de costé et d'autre sont les chambres des convers plus grandes et spacieuses que celles desdicts religieulx, et accoustrées comme celles desdicts religieulx mesmement d'ymaiges [1].

1. Cette description nous a été conservée probablement par un des clercs qui accompagnaient la reine de Sicile. M. Michelant en a publié la plus grande partie dans les *Annales archéologiques*, t. III, année 1845, sous ce titre trop vague : *Un grand monastère au XVI' siècle.*

Voyage littéraire

De deux religieux bénédictins de la congrégation de Saint-Maur[1].

Paris, 1709. — Première partie.

L'Abbaye de Clairvaux.

Comme nous n'étions qu'à sept lieues de Clairvaux, nous crûmes que nous devions commencer nos recherches dans le diocèse de Langres par cette abbaye[2]. Elle est dans une vallée environnée presque de tous côtez de montagnes et de forêts, et pour y arriver, il nous fallut faire près de deux lieues dans les bois. On ne peut pas en approcher qu'on ne sente son cœur touché, et un certain je ne sçai quoy, qui fait connoître la sainteté de son origine. En effet, tout ce qu'on y voit d'anciens monumens ressent la piété de ses fondateurs. L'église est grande, spacieuse et belle, mais simple et sans beaucoup d'ornemens. La nef étoit autrefois remplie de trois rangs de chaires de chaque côté, pour placer les frères convers durant l'office, et par le nombre des chaires, on juge qu'il y avoit autrefois près de trois cens frères convers à Clairvaux. Depuis peu d'années on les a toutes ôtées, et on s'est contenté d'en conserver

1. Dom Martène et Dom Durand.

2. Aujourd'hui diocèse de Troyes parce qu'elle est située dans le département de l'Aube.

un petit nombre sous l'orgue à l'entrée de l'église, où est aujourd'hui le chœur des frères convers. L'église en est assurément plus dégagée, mais beaucoup de personnes croyent que cette antiquité retranchée la rendoit plus vénérable. La nef est suivie du chœur des infirmes, et celui-cy du chœur des religieux qui n'a rien que de simple, mais c'est une simplicité qui a quelque chose de grand. Le tombeau de saint Bernard, celui de saint Malachie et celui de quelques saints martyrs qui reposent à Clairvaux, sont derrière le grand autel. On a érigé des autels sur ces tombeaux, et nous eûmes l'honneur d'y dire la sainte Messe avec le calice de saint Bernard et avec celui de saint Malachie. Ils sont tous deux si petits qu'ils n'ont pas un demi-pied de hauteur, mais la coupe est fort large et peu profonde.

Proche du grand autel est le tombeau de Marguerite, reine de Navarre, et assez près de là celui de Jean de Blanchemain, archevêque de Lyon, qui quitta son archevêché pour se retirer à Clairvaux.

Le cœur d'Isabelle de France, fille de saint Louis, est dans le chœur des religieux. On voit dans la croisée du côté du septentrion, les tombeaux de cinq évêques, autant illustres par la sainteté de leur vie que par le caractère de leur dignité. Derrière le rond point de l'église est le cimetière des abbez étrangers, qui sont morts à Clairvaux, dans lequel on voit contre l'église les sépulcres des frères de saint Bernard.

C'est dans ce cimetière qu'on voit la cellule du saint, que Guillaume de Champeaux, évêque de Châlons, luy fit bâtir pour le soulager dans ses infirmitez. Il n'y a point de cheminée, car saint Bernard étoit si mortifié et dégagé des sens qu'il ne vouloit pas qu'on luy fît du feu; mais sous son lit, il y avoit une grande pierre percée en plusieurs endroits, sous laquelle on allumoit un brasier pour échauffer sa chambre sans qu'il s'en apperçût. On ne peut rien voir de plus simple que cette chambre et que le lit de saint Bernard qu'on y conserve encore; et si un abbé malade était si mal logé, on peut juger quels étaient les appartemens des sains et des simples religieux. Cette chambre touche à une petite chapelle, qui apparemment fut bâtie pour luy dire la messe. On tient qu'il y mourut, et on y lit une inscription qui le dit assez clairement.

Du cimetière des abbez on entre dans le cimetière des nobles, qui joint le collatéral de l'église, et qui est couvert. Celui des religieux tire plus dans le champ; il y a au milieu un tombeau élevé et couvert avec cet épitaphe : *Hic jacet dominus Guillelmus de Joinvilla episcopus Lingonensis, posteà Remensis archiepiscopus.* Ce qu'on remarque de singulier dans ce cimetière, c'est qu'il y a toujours une fosse commencée, et une à moitié faite, proche du dernier religieux qui a été enterré, afin que ce spectacle conserve dans l'esprit la mémoire de la mort, et par ce souvenir contienne les religieux en leur devoir.

La chapelle des comtes de Flandre est assez proche du cimetière des abbez ; on y voit les tombeaux de Philippe, comte de Flandre et de la comtesse Mathilde son épouse. Sous l'autel de cette chapelle, il y a une belle crypte voutée, dans laquelle sont arrangez les ossemens des religieux qui vivoient du temps de Saint-Bernard. On les révère comme des Saints, car le bienheureux abbé avait eu révélation, que tous les religieux qui vivoient alors à Clairvaux seroient sauvez. Devant cette crypte on lit ces vers :

Hic jacet in caveâ Bernardi prima propago,
Cujus mens superas possidet alta domos.
Hic locus est sanctus, venerans insignia tanta
Supplex intrato, cerne, nec ossa rape.

Et ceux-cy.

Quæ vallem hanc coluit Bernardi prima propago,
Hic jacet. Huc intrans, si rapis ossa, peris.

Pour ce qui est des abbez de Clairvaux, ils sont tous enterrez de suite dans le cloître du côté du chapitre, et n'ont que des tombes et des épitaphes assez simples. On en voit néanmoins quelques-uns des premiers qui ont des tombeaux aussi fort simples comme enchâssez dans la muraille du cloître, avec quelques autres abbez et religieux de distinction dont voicy les épitaphes.

A l'entrée du cloître en sortant de l'église.

Hic requiescunt venerabiles viri bonæ memoriæ digni, domnus Girardus VI[1] & domnus Petrus Monoculus VIII[2], Clarevallenses abbates, quorum prior post laudabilem vitam, pro justitia & zelo ordinis innocens occisus est. Alter vero sanctæ paupertatis & humilitatis ferventissimus æmulator, multis

1. Gérard, 6ᵉ abbé, vénéré comme martyr.

2. Pierre le Borgne, 8ᵉ abbé, décédé à Foigny, au diocèse de Laon.

in vitâ suâ virtutibus claruit. Hos apud Deum pa-
tronos habere mereamur. Amen.

Et un peu plus loin.

Hic jacent venerabiles abbates, quorum nomina...
litteris in lapide sculptis designantur.

Robertus de Brugis, primus abbas de Dunis, &
secundus Clarevallis [1].

Serlo quondam Savigniaci abbas, qui Savignia-
cum cum triginta abbatiis Clarevallis cœnobio con-
tulit & submisit [2].

Humbertus prior Clarevallis sub beato Bernardo,
deinde primus abbas Ignaci [3].

Odo subprior Clarevallis sub beato Bernardo [4].

Gerardus Farfensis [5] *monachus, postea Clare-*
vallis.

Philippus abbas Fulcardimontis, & postea Clare-
vallensis, qui fuerat officialis & canonicus Cenoma-
nensis. Hic electus in episcopum Cenomanensem
noluit consentire [6].

1. Robert de Bruges, abbé de Dunes, lorsqu'il fut appelé pour succéder à Saint-Bernard.

2. Serlo, qui à la mort de saint Bernard, abdiqua sa charge abbatiale de Savigny pour devenir simple moine de Clairvaux.

3. L'un des premiers moines de saint Bernard et dont l'oraison funèbre fut prononcée par le célèbre fondateur de Clairvaux.

4. Eudes, premier sous-prieur, d'une douceur si admirable qu'on en parlait encore avec éloge à Clairvaux, quarante ans après sa mort.

5. Gérard de Furfa qui avait le don des larmes et remportait de fréquentes victoires sur les démons.

6. D'abord abbé de Foucarmond, puis 24e abbé de Clairvaux, Philippe refusa l'évêché que le pape lui offrait.

Ces épitaphes sont dans le grand cloître, qui est vouté et vitré. Les religieux y doivent garder un perpétuel silence. Dans le côté du chapitre il y a des livres enchaînez sur des pupitres de bois, dans lesquels les religieux peuvent venir faire des lectures lorsqu'ils veulent. Du côté du cloître suivant on entre dans le réfectoire qui est grand et large, bien voûté. Il y a deux rangs de piliers et quatre rangs de tables. Le chaufoir joint le réfectoire. On lit sur la porte les vers suivans :

En ce chaufoir le bon religieux
Se doit chaufer sans bruit ou en silence
Soit demontrant de maintien gracieux,
Et mêmement tenant paix et silence,
Car comme on dit icy en patience
Fut chaufournier Eugène le saint homme,
Mais sa vertu et sa grande patience
Tant l'exalta qu'il fut pape de Rome.

Du grand cloître on entre dans le cloître du colloque ainsi appelé, parce qu'il est permis aux religieux d'y parler. Il y a dans ce cloître douze ou quinze petites cellules tout d'un rang, où les religieux écrivoient autrefois des livres : c'est pourquoy on les appelle encore aujourd'hui les écritoires. Au-dessus de ces cellules est la bibliothèque, dont le vaisseau est grand, vouté, bien percé, et rempli d'un grand nombre de manuscrits, attachez avec des chaînes sur des pulpitres, mais il y a peu de livres imprimez [1].

1. L'abbaye de Clairvaux ne posséda la plus belle bibliothèque du duché de Bourgogne qu'en 1781, lorsque M. d'Avaux, cet indigne descendant des illustres Bouhier, ne rougit point de

Je n'entreprens point icy de parler de tous les manuscrits de Clairvaux. La plûpart contiennent des ouvrages des Pères de l'Église; ils sont presque tous écrits depuis le commencement de l'ordre, excepté un ou deux. Je me contenterai d'en rapporter seulement quelques-uns dont les noms sont peu connus.

Liber qui dicitur verbi gratia editus à domno Henrico quondam abbate Montis S. Mariæ, posteà episcopo Trojano.

Moralia abbreviata Guillelmi de Campellis.

Petrus Cantor super psalterium.

Joachimi abbatis Floris opus Concordiæ novi et veteris testamenti anno M. CC.

Expositio in proverbia. Hoc opusculum præsens non Richardi, sed domini Gaufridi abbatis Fontismensium, quod Regniaci pro certo constat esse, et sepultus est ibi juxtà abbates.

Stephanus de Langtona Cantuariensis episcopi in Isaiam.

Robertus Berlinctunensis ecclesiæ canonicus in XII prophetas rogatu Gervasii abbatis monachorum in Parco apud Ludam servientium.

Ernaldi abbatis comment. in Isaiam.

Vetus glossarium, quod compilavit Garnerius quondam Lingonensis episcopus.

Libellus Bacharii ad Januarium de lapsu cujusdam fratris.

Flores ex operibus sancti Bernardi auctore Guillelmo de Monteacuto Clarevallensi monacho.

veudre aux Bernardins le précieux dépôt si religieusement conservé par les de Bourbonne.

Fratris Bonœ-fortunœ breviloquium in sacram scripturam.

Thomœ Brandarduini de causis Dei contra Pelagium & de virtute causarum.

Speculum virginum auctore Conrado Hirsaugiensi monacho.

Centiloquium Jesu Christi editum à fratre Petro de Ceffons, religioso Clarevallensi.

Ejusdem commentaria in 4. Libros sententiarum.

Summa confessorum edita à fratre Johanne ordinis Prœdicatorum, in qua citat 2 am. 2 œ. S. Thomœ.

Simonis Tornacensis sermones de diversis.

Petri Cellensis in Ruth.

Fretellus archidiaconus Antiochiœ de locis sanctis.

Nous y trouvâmes aussi un fort beau décret de Gratien, qui a été donné autrefois par Alain, disciple de saint Bernard, et ensuite évêque d'Auxerre, sur lequel sont écrits ces mots : *Ego Alanus quondam Autissiodorensis episcopus hœc decreta Gratiani dedi monasterio Clarevallis pro remedio animœ meœ, eo tenore et pacto, ut nulla necessitate à monasterio Clarevallis transferantur, vel exportentur, annuente ejusdem loci abbate et congregatione : et quia inviolabiliter debent condicta servari, rogo et obtestor in Domino, ut ratum futuris temporibus habeatur, & fideliter teneatur. Amen.* Sur quoy on peut faire **cette** réflexion, que les religieux de Clairvaux n'étoient pas ennemis de la lecture du droit canon, puisqu'Alain, disciple de saint Bernard, veut qu'on conserve si précieusement ce décret dans Clairvaux, et qu'il défend sous quelque prétexte de nécessité que ce puisse être, de le prêter au dehors. Il en faut dire de même des ouvrages dogmatiques des Pères, dont nous en avons vû plusieurs dans Clairvaux, écrits du temps de S. Bernard même, et entr'autres les six livres de saint Augustin contre Julien. Car ç'auroit été fort inutilement que les religieux se seroient donné la peine de copier ces livres, s'ils ne les avoient point lûs.

Je ne parle pas icy du dortoir de Clairvaux, qui est grand et bien voûté, mais dont les chambres sont si petites, qu'il n'y a précisément de place que pour mettre le lit, la table et le siége du religieux. C'est au bout de ce dortoir qu'on conserve le trésor de Clairvaux, où il y a un grand nombre de reliques fort bien enchâssées, la plupart envoyées par les empereurs de Constantinople. On y montre entr'autres un morceau du bois de la vraye croix, qui est d'une grandeur non commune, quatre beaux chefs, deux desquels sont ceux de S. Barnabé et de saint Marc, sans parler des chefs de saint Bernard et de saint Malachie, qui sont dans deux beaux bustes de vermeil doré avec des émaux très-riches. On les porte aux processions qui se font pour les nécessitez publiques. On montre encore dans ce trésor un calice d'une façon toute extraordinaire, et on prétend qu'il a été à l'usage de saint Malachie. Il est à peu près de la grandeur et de la forme des calices dont nous nous servons aujourd'hui ; mais il y a quatre clochettes d'argent attachées à la coupe. C'est l'unique que j'aye vû de cette manière ; et il est tout différent du calice de saint Malachie qu'on montre à la sacristie, et avec lequel on permet de dire la messe aux étrangers qui en ont la dévotion. On nous y montra aussi plusieurs choses qu'on prétend avoir été à l'usage de saint Bernard, et entr'autres une chasuble. Elle est assurément ancienne ; mais si elle est de luy, il faut dire que les religieux de Clairvaux n'étoient point si ennemis de la soye et de l'argenterie dans leurs ornemens, puisque la croix est d'un galon d'or[1]. On conserve encore dans le trésor une grande châsse d'argent, qu'un évêque de Xaintes[2] avoit fait faire pour y mettre les reliques de saint Bernard. Mais les religieux, craignant que si on tiroit ses ossemens de son tombeau, plusieurs princes, à qui on ne pourroit le refuser, n'en demandassent, aimèrent mieux les y laisser. On prétend à Clairvaux voir l'ombre du Saint sur la pierre où son corps fut lavé après sa mort, et on nous la fit voir. Je ne sçai pourtant si cela est aussi miraculeux qu'on se le persuade ; car cette ombre ne se voit pas de tous côtez. Il faut être dans une certaine situation pour l'appercevoir, ce qui se peut faire naturellement par la réflexion de la lumière.

Nous demeurâmes sept ou huit jours à Clairvaux,

1. Dans les premiers temps, l'usage des ornements de soie était interdit aux moines et aux abbés, même dans les plus grandes cérémonies. Cette rigueur s'adoucit peu à peu. Dès 1152 il fut permis aux abbés de porter des chapes de soie à la cérémonie de leur bénédiction et de se servir des chasubles de toute soie données par des bienfaiteurs. *Études sur les abbayes cisterciennes*, p. 30.

2. Tristan Bizet, décédé à Clairvaux en 1579.

pendant lesquels monsieur l'abbé nous donna beaucoup de marques de sa bonté[1]. C'est un vénérable vieillard qui, âgé alors de quatre-vingts ans, avoit encore toute sa vigueur, ne faisoit qu'un repas par jour, ne beuvoit point de vin, se couchoit à dix heures et se levoit à deux, assistoit à matines et à presque tous les offices du jour, il tenoit ses religieux dans une exacte discipline, et regloit très-bien tous les monastères de la filiation. Nous prîmes congé de luy la veille de saint Pierre, et nous allâmes coucher à l'abbaye de Mores, où on prétend que saint Bernard, étant en oraison, le crucifix se détacha pour l'embrasser[2].

Les deux religieux de la congrégation de Saint-Maur visitèrent de nouveau l'abbaye de Clairvaux l'année suivante.

Nous fûmes de là à Clervaux où nous avions déjà été l'année passée; mais il y a tant de choses remarquables dans cette abbaye, qu'on y trouve toujours quelque nouveauté qui fait plaisir. Nous y vîmes les anciennes manufactures des frères convers qui vont aujourd'hui presque tout en ruine, parce que Monsieur l'abbé n'ayant point reçu de ces frères depuis plus de trente ans, elles ne sont plus habitées : ce qui diminuë considérablement le revenu de Clervaux. Les tanneries surtout sont admirables. On y voit encore

1. Pierre IV Bouchu, abbé de Clairvaux, depuis 1676.
2. *Voyage littéraire de deux religieux bénédictins.* 1ʳᵉ partie, Pag. 98-105.

des auges d'une seule pierre, qui ont au moins quinze pieds de longueur, quatre ou cinq de largeur et autant de profondeur. Nous étions à Clervaux dans le temps que les religieux ont coûtume d'aller après pâque à la fontaine de Saint-Bernard qui est à une demi lieuë du monastère : là étant arrivez, ils chantent un répons de Saint-Bernard, le *Regina cœli*, et mettent chacun au pied de la grande-croix, qui est près de la fontaine, de petites croix de bois qu'ils font, et boivent avec la main de l'eau de la fontaine. Ils ont coutume d'y aller le mardi après le dimanche de *Quasimodo* : car à Clervaux les religieux ne sortent point du monastère durant l'octave de Pasque, ny durant celle de la Pentecôte, non plus que pendant le Carême. Ils avoient différé d'y aller jusqu'alors, parce qu'ils avoient administré les derniers sacrements à un de leur confrère qui fut enterré le jour que nous y arrivâmes, et que c'est un usage parmi eux de ne sortir jamais du monastère lorsqu'on a donné les derniers sacremens à un religieux, jusqu'à ce qu'il soit enterré ou hors de danger. Nous voulûmes être de la partie et nous eûmes la curiosité de voir cette fontaine, qui fournissoit autre fois des eaux aux premiers religieux de Clervaux ; nous vîmes en passant, un peu au-dessus de l'enclos du monastère une chapelle érigée dans l'endroit même où fut écrite la lettre de S. Bernard à son neveu Robert, au milieu d'une très grande pluye, sans que le secrétaire en fut incommodé, ni le papier moüillé. Nous apprîmes une chose assez singulière du religieux qui nous conduisoit. Il nous dit que lorsque l'abbé de Clervaux vient à mourir, l'office divin cesse dans l'Eglise, et que l'on fait venir des religieux de Citeaux pour le faire, jusqu'à l'élection du futur abbé. Nous remarquâmes encore dans Clervaux une pratique singulière ; tous les religieux prêtres ont leur autel assigné pour dire la Sainte Messe, et aucun ne la célèbre sur l'autel d'un autre ; c'est un reste de l'ancienne discipline qui ne permettoit pas de dire en un même jour deux messes sur un même autel [1].

M. Michelant, dans les *Annales archéologiques*, cite les différents *métiers* qui étaient exercés à Clairvaux au commencement du XVIme siècle :

Plombiers, que continuellement besoignent, tant pour l'église, dormitoire, chapelle de Flandres, que sont couvers de plomb, que pour les fontaines.

Item. Y a des *cousturiers*, convers et séculiers, *Tanneurs*, convers et séculiers, *Selliers*, *Bourreliers*, *Quoquetz*, qui vat quérir les œufz, *Faiseurs de boteilles*, *Jardiniers*, *Couvreurs*, *Couroyeurs de cuir*, *Magniens*, *Boullengiers*, *Paticiers*, *Tonneliers*, *Menuisiers*, *Massons* ; le maître masson est convers, maistre des œuvres, *Taverniers*, *Charpentiers*, convers et séculiers, *Cordiers*, *Vignerons*, *Vachiers*, et y a bien mil bestes à cornes, *Bergiers*, et y a bien XVIII ou XX^m blanches bestes, *Chartons*, *Maneuvres*, convers et séculiers, *Lavandiers*, à faire la buée, *Maréchaulx*, *Sarruriers*, convers et séculiers, *Marchands de porcs*.

FIN.

1. **Voyage littéraire, page 185.**

TABLE DES MATIÈRES

Arcis-sur-Aube. — Imprimerie Frémont.